高处安全作业

马海珍　白建军　编

中国电力出版社
CHINA ELECTRIC POWER PRESS

内容提要

本书是《电力员工安全教育培训教材》之一，针对电力基层员工量身定做，内容紧密结合安全工作实际，不以居高临下教育者的姿态，用读者喜闻乐见的语言、生动形象的卡通人物、结合现场的工作实例，巧妙地将安全与日常工作结合在一起。追求“不是我要你安全，而是你自己想安全”的效果。主要内容包括：高处作业基本知识；高处作业的一般安全要求；安全带和安全帽的正确使用；杆塔作业安全要求；登梯作业安全要求；脚手架作业安全要求；悬吊作业安全要求；操作平台和交叉作业安全要求；临边作业和洞口作业安全防护；攀登作业和悬空作业安全防护。本书同时列举了各种高处作业事故案例，以事故实例详细说明不按规定执行的严重后果。

本书是开展安全教育培训、增强员工安全意识、切实提高安全技能的首选教材，也可供电力基层班组安全员及安全监督人员及相关人员学习参考。

图书在版编目（CIP）数据

高处安全作业/马海珍，白建军编. —北京：中国电力出版社，2015.5（2019.9 重印）

（电力员工安全教育培训教材）

ISBN 978-7-5123-7329-7

Ⅰ.①高… Ⅱ.①马… ②白… Ⅲ.①电力工业-高空作业-安全技术-技术培训-教材 Ⅳ.①TM08

中国版本图书馆 CIP 数据核字（2015）第 042861 号

中国电力出版社出版、发行

（北京市东城区北京站西街 19 号 100005 http://www.cepp.sgcc.com.cn）

北京博图彩色印刷有限公司印刷

各地新华书店经售

*

2015 年 5 月第一版 2019 年 9 月北京第五次印刷

850 毫米×1168 毫米 32 开本 3.125 印张 68 千字

印数 9001—11000 册 定价 **25.00** 元

《电力员工安全教育培训教材》
编 委 会

主　编　郭林虎

副主编　黄晋华

编　委　马海珍　陈文英　朱旌红
　　　　程丽平　席红芳　康晓江
　　　　司海翠　杨建民　刘鹏涛
　　　　贾运敏　张志伟　郭　佳
　　　　苗建诚　吕瑞峰　白建军

丛书前言

安全生产是电力企业永恒的主题和一切工作的基础、前提和保障。电力生产的客观规律和电力在国民经济中的特殊地位决定了电力企业必须坚持“安全第一，预防为主，综合治理”的方针，以确保安全生产。如果电力企业不能保持安全生产，将不仅影响企业自身的经济效益和企业的发展，而且影响国民经济的正常发展和人民群众的正常生活用电。

当前，由于受安全管理发展不平衡、人员安全技术素质参差不齐等因素影响，电力企业安全工作还存在薄弱环节，人身伤亡事故和人员责任事故仍未杜绝。究其原因，主要是对安全规程在保证安全生产中的重要性认识不足，对安全规程条款理解不深，对新工艺、新技术掌握不够。因此，在强化安全基础管理的同时，持续对员工进行安全教育培训，提高员工安全意识和安全技能，始终是安全工作中一项长期而重要的内容。为了提高基层员工在新形势下安全规定的执行水平，提高安全意识，消除基层安全工作中的薄弱环节，我们组织编写了本套教材。

本套教材内容紧密结合基层工作实际，不以居高临下的说教姿态，而是用生动形象的卡通人物、结合现场的事故案例，巧妙地将安全教育与日常工作结合在一起，并给出操作办法和规程，教会员工执行安全规定。希望通过本套教材的学习，广大员工能了解安全生产基本知识，熟悉安全规程制度，掌握安全作业要求及措施。认识到“不是我要你安全，而是你自己想安全”。明白“谁安全，谁生存；谁安全，谁发展；谁安全，谁幸福”！

本套教材是一套结合电力生产特点、符合电力生产实际、适应时代电力技术与管理需求的安全培训教材。主要作者不仅有较为深厚的专业技术理论功底，而且均来自电力生产一线，有较为丰富的现场实际工作经验。

本套教材的出版，如能对电力企业安全教育培训工作有所帮助，我们将感到十分欣慰。由于编写时间仓促，编者水平和经验所限，疏漏之处恳请读者朋友批评指正。

编　者

编者的话

在电力生产建设中，很多作业要在高处进行。按照国家标准《高处作业分级》规定：凡在坠落高度基准面 2 米以上（含 2 米）的可能坠落的高处所进行的作业，都称为高处作业。高处作业环境特殊，危险性大。如果未防护、防护不到位或作业不当都可能发生人或物的坠落，造成事故。长期以来，预防高处作业事故，始终是施工现场安全管理的主要任务之一。为了防止高处作业事故的发生，高处作业的有关人员应认真学习高处作业安全知识，掌握高处作业的操作技能，熟悉《安规》的有关要求，经过培训、考试合格。未经培训或者考试不合格的人员，不准从事高处作业。

本书主要讲述高处作业基本知识、高处作业的一般安全要求、安全带和安全帽的正确使用、杆塔作业安全要求、登梯作业安全要求、脚手架作业安全要求、悬吊作业安全要求、操作平台和交叉作业安全要求、临边作业和洞口作业安全防护以及攀登作业和悬空作业安全防护。本书结合事故案例，并配漫画，加以解读，图文并茂，通俗易懂。

参加本书编写的有山西省电力公司忻州供电公司马海珍、白建军等同志。本书插图由贺培善绘制。由于编者水平有限，书中难免有不足之处，敬请广大读者批评指正。

编　者

目 录

第九讲

第十讲

第一讲

高处作业基本知识

高处作业风险高　每年体检忘不了
规范使用安全帽　工具切忌上下抛
登杆塔前细检查　临时拉线须可靠
选择合适安全带　绳子挂钩要挂牢
梯子严禁超载用　专人监护梯扶好
脚手架要严验收　上下必须走坡道
吊篮吊具固定好　恶劣天气禁悬吊
平台有人莫移动　四周防护要周到
攀登悬空应持证　交叉作业须协调
临边要装防护栏　洞口措施不能少

本讲对高处作业的概念、分级、分类等基本知识进行讲解。

一、基本概念

（1）高处作业：凡在坠落高度基准面 2m 以上（含 2m），有可能坠落的高处进行的作业，均为高处作业。

其含义有两个：一是相对概念，可能坠落的高度大于或等于 2m，也就是说不论在单层、多层或高层建筑物作业，电杆、设备机架作业，即使是平地，只要作业处的侧面有可能导致人员坠落坑、井、洞或空间，其高度达到 2m 及以上，就属于高处作业；二是高低差距标准定为 2m，因为一般情况下，当人在 2m 以上的高度坠落时，可能会造成重伤、残废甚至死亡。

（2）坠落高度基准面：通过最低坠落着落点的水平面，称为坠落高度基准面。

（3）最低坠落着落点：在作业位置可能坠落到的最低点，称为该作业位置的最低坠落着落点。

（4）高处作业高度：作业区各作业位置至相应坠落高度基准面之间的垂直距离中的最大值，称为该作业区的高处作业高度。

二、高处作业级别和种类

1. 高处作业级别

根据国家标准 GB/T 3608—2008 规定，高处作业的级别可分为四级。

（1）高处作业高度在 2~5m 时，称为一级高处作业。

（2）高处作业高度在 5~15m 时，称为二级高处作业。

（3）高处作业高度在 15~30m 时，称为三级高处作业。

（4）高处作业高度在 30m 以上时，称为特级高处作业。

2. 高处作业的类别和特殊高处作业的种类

高处作业可分为一般高处作业和特殊高处作业两类。其中，特殊高处作业包括以下八种。

（1）在阵风风力六级（风速 10.8m/s）以上的情况下进行的高处作业，称为强风高处作业。

（2）在高温或低温环境下进行的高处作业，称为异温高处作业。

（3）降雪时进行的高处作业，称为雪天高处作业。

（4）降雨时进行的高处作业，称为雨天高处作业。

（5）室外完全采用人工照明时进行的高处作业，称为夜间高处作业。

（6）在接近或接触带电体条件下进行的高处作业，统称为带电高处作业。

（7）在无立足点或无牢靠立足点的条件下，进行的高处作业，统称为悬空高处作业。

（8）对突然发生的各种灾害事故，进行抢救的高处作业，称为抢救高处作业。

一般高处作业系指除特殊高处作业以外的其他高处作业。

三、高处作业的标记

高处作业的分级，以级别、类别和种类来标记。一般高处作业作标记时，写明级别和种类；特殊高处作业作标记时，写明级别和类别即可，种类可省略不写，示例如下。

三级，一般高处作业
二级，异温、悬空高处作业
一级，强风高处作业

第二讲

高处作业的一般安全要求

本讲结合事故案例对高处作业的安全规定和要求加以讲述。

一、基本要求

（1）凡能在地面上预先做好的工作，都应在地面上完成，尽量减少高处作业。

（2）高处作业均应先搭设脚手架、使用高空作业车、升降平台或采取其他防止坠落措施，方可进行。

（3）高处作业开工前，应进行安全防护设施的逐项检查和验收。验收合格后方可进行高处作业。施工工期内还应定期进行检查。

（4）低温或高温环境下进行高处作业，应采取保暖或防暑降温措施，作业时间不宜过长。

（5）在5级及以上的大风以及暴雨、雷电、冰雹、大雾、沙尘暴等恶劣天气下，应停止露天高处作业。特殊情况下，确需在恶劣天气进行抢修时，应组织人员充分讨论必要的安全措施，经本单位批准后方可进行。

（6）高处作业时，应尽量减少立体交叉作业。必须交叉时，施工负责人应事先组织交叉作业各方确定各自的施工范围，签订安全管理协议，明确各自安全生产管理职责和应采取的安全措施，并指定专职安全生产管理人员进行安全检查与协调。无法错开的垂直交叉作业，层间应搭设严密、牢固的防护隔离设施。

（7）在进行高处作业时，除有关人员外，不准其他人在工

作地点的下面通行或逗留。非高处作业人员不得随意攀登高处。登高参观的人员应由专人陪同，并严格遵守有关安全规定。

二、对作业人员的安全要求

（1）凡参加高处作业的人员，应每年进行一次体检。经医师诊断患有精神病、癫痫病、心脏病、高血压、贫血及其他不适宜高处作业的疾病时，不得从事高处作业。发现工作人员精神不振时，应禁止其登高作业。

（2）作业人员应思想集中，认真按高处作业安全规程进行作业。

（3）高处作业人员应衣着灵便，衣袖、裤脚应扎紧，穿软底防滑鞋。

事故案例

1997 年 7 月，某电厂锅炉安装现场，一名安监人员上锅炉各层平台检查安全工作。自己穿了一件半短大衣，走在 42m 平台上时，一根管头挂住大衣衣角，使身体失去平衡向后仰，从楼梯口掉至 0m 地面，经抢救无效死亡。

（4）高处作业人员必须系好安全带，正确佩戴安全帽。

事故案例

1985 年 4 月，某工程施工现场，一临时工参加主变压器卸车工作，在剪断主变压器加固铁丝时，被绞紧铁丝的木棒反弹打在头部，由于未系安全带、未戴安全帽，人从车上掉下，抢救无效死亡。

事故案例

2001 年 3 月，某电厂工程施工现场，起重工安装塔吊横梁，系上安全带，用大锄头打一条连接螺丝。由于安全带绑扎错误，用力时挣脱了安全带，从横梁上坠落地面，摔成重伤，而安全带仍挂在平台支架上，完好无损。

事故案例

1988 年 6 月，某电厂扩建工程电除尘施工现场，工人王某用 150t 履带吊安装电除尘工字钢梁，就位时用撬棍调整，用力过猛，又未系安全带，身体失去平衡，从26.47m标高处坠落至14m振打器平台上，又滚入6m深的灰斗中，经抢救无效死亡。

（5）在没有脚手架或者在没有栏杆的脚手架上工作，高度超过1.5m时，应使用安全带，或采取其他可靠的安全措施。

事故案例

2002年3月，某电厂一名检修人员在离地面6.5m高处检修截门时，站在没有栏杆的脚手架上作业，也未系安全带，工作中踩空掉下，造成重伤。

（6）严禁酒后从事高处作业。

事故案例

1979年5月，某电厂施工现场，电气工地电工赵某酒后上班，被班长发现，班长不让赵上班后马上干活，要等两个小时以后才能干活。赵不听劝阻，还叫上一名徒工准备到5t吊车上干活。在路过电气工地时，正碰上管理电视机的工人王某往电视天线杆上爬。赵见王上杆困难，便说："哥们！我来，你不行，看我的！"说着抢过安全带系上，又抢过升降板攀登。这时工地安全员及工地负责人先后发现赵酒后作业，便立即制止。赵仍不听劝阻，继续上杆，大约上至9m左右，从升降板上掉下，死亡。

（7）高处作业开工前，工作负责人应向全体人员详细交代工作内容和现场安全措施，进行危险点告知，并履行确认手续，工作班方可开始工作。

（8）在高处作业现场开始工作前或行走时要先观察周围环境是否安全，有无孔洞未加盖板或采取其他临时防护措施。

事故案例

1988年4月，某电厂施工现场，在汽轮机回油总管复装中，起重工将12.6m平台的网格板掀掉两块以便穿管。班长听见有人喊他，回身便走，刚走出约3m，一脚踏入被掀掉网格板的孔洞中，坠落至6m平台，造成骨盆骨折。

（9）开始工作后，工作负责人应始终在工作现场，对工作班人员的安全认真监护，及时纠正不安全的行为。

三、对作业现场的安全要求

（1）高处作业的工作现场要有足够的照明。

（2）高处作业场所的栏杆、护板、井、坑、孔、洞、沟道的盖板必须完好，损坏的应立即修复。

（3）所有升降口、大小孔洞、楼梯和平台，应装设不低于1050mm高的栏杆和不低于100mm高的护板。如在检修期间需将栏杆拆除时，应装设临时遮栏，并在检修结束时将栏杆立即装回。临时遮栏应由上、下两道横杆及栏杆柱组成。上杆离地高度为1050~1200mm，下杆离地高度为500~600mm，并在栏杆下边设置严密固定的高度不低于180mm的挡脚板。原有高度1000mm的栏杆可不作改动。

（4）在坝顶、陡坡、屋顶、悬崖、杆塔、吊桥以及其他危险的边沿进行工作，临空一面应装设安全网或防护栏杆，否则，作业人员应使用安全带。

事故案例

1997年9月，某电厂汽机房施工现场。建筑工地在32m高的汽机房顶铺设面板，临边一侧没有扶手绳或临时防护栏杆，下方也没有装设安全网，工作中一名工人从边缘滑落，掉至0m汽机房，当场死亡。

（5）在进行高处作业时，工作地点下面应有围栏或装设其他防护装置，防止落物伤人。如在格栅式的平台上工作，为了防止工具和器材掉落，应采取有效隔离措施，如铺设木板等。

（6）高处作业场所的孔洞要使用牢固的专用盖板，不得用石棉瓦等不结实的板材加盖。

事故案例

1981 年 2 月，某电厂工程施工现场，锅炉队起重班准备将 4 根落煤管从锅炉 37m 平台细粉分离器预留孔逐个吊卸到 31.5m 输煤间。一名工人拴挂好第二根落煤管后，向东南方向走去，误踏入用草帘子、石棉瓦遮盖着的煤粉管预留孔，从 37m 层坠落至 9m 平台，经抢救无效死亡。

事故案例

1983 年 6 月，某电厂工程施工现场，一名管理人员晚上到施工现场检查工作，厂房 3m 平台有一宽 0.5m、长 2.6m 的孔洞，周围无栏杆，也无盖板，因场地照明不足，这名管理人员不慎失足坠落，由于伤势过重，经抢救无效死亡。

（7）高处作业区周围的孔洞、沟道等应设盖板、安全网或围栏并有固定其位置的措施。同时，应设置安全标志，夜间还应设红灯示警。

（8）特殊高处作业的危险区应设围栏及“严禁靠近”标示牌。

（9）高处作业时，有危险的出入口应设围栏和悬挂标示牌。

（10）在因工程和工序需要而产生的使人与物有坠落危险的洞口、井口等进行高处作业时，必须设置牢固的盖板、防护栏杆、安全网等防护设施。

事故案例

1993 年 10 月，某电厂灰库施工现场，电梯预留竖井还没有来得及安装电梯，各层梯口未设防护栏杆，竖井内没有分层设安全网。在卸灰设备安装中，两名工人在井口休息，开玩笑躲闪时，一人失足掉入竖井内，造成重伤。

（11）电梯预留井或其他深层孔洞内最多隔 10m 就应设一道安全网（间距过大时人或物坠落冲击力过大，易使人受伤或冲破安全网，起不到应有的保护作用）。

事故案例

2006 年 8 月，某电厂冷却水塔施工现场，按高处作业规范要求，水塔四周至少应装设两层安全网，而实际只装设了一层。在工人拆卸模板工作中，一人未系安全带，不慎掉下，由于坠落高度太高，冲破了仅有的一层安全网，落至地面，抢救无效死亡。

（12）高处作业现场边长在 150cm 以上的洞口，四周应设防护栏杆，洞口下应装设安全网。

（13）当临时高处行走区域不能装设防护栏杆时，应设置 1050mm 高的安全水平扶绳，且每隔 2m 应设一个固定支撑点。

（14）峭壁、陡坡的场地或人行道上的冰雪、碎石、泥土应经常清理，靠外面的一侧应设 1050～1200mm 高的栏杆。在栏杆内侧设 180mm 高的侧板，以防落物伤人。

四、作业过程中的安全要求

（1）高处作业应一律使用工具袋。较大的工具应用绳拴在牢固的构件上，工件、边角余料应放置在牢靠的地方或用铁丝扣牢并有防止坠落的措施，不准随便乱放，以防止从高空坠落发生事故。

事故案例

2005年7月，某电厂汽机施工现场。汽机安装工人在12m平台用扳手拧紧管道法兰，工作时没有工具袋，两只扳手放在平台栏杆边的网格板上，一名工人转身时，将一把扳手踢出平台栏杆，扳手坠落砸在钢结构上反弹，最后击中地面上工作的一名管道工的肩膀，造成重伤。

事故案例

1989年6月，某电厂施工现场。两名锅炉工在30.6m标高进行刚性梁和包墙管间距校正工作。在立筋板上临时焊了一门型角铁架，将10t千斤顶放在门型架内，一人扶着千斤顶，待千斤顶受力后，再一手扶门型架，一手操作千斤顶。千斤顶未系安全绳。千斤顶受力后，门型架与立筋板间焊缝裂开。千斤顶偏斜坠落，先打在包墙联箱上，继续下落正好砸在16.6m层装栏杆的一名焊工头部，使其当即从16.6m层坠落到0m地面，经抢救无效死亡。

事故案例

1988年9月，某供电局10kV线路停电检修，验电完毕，工作人员在登杆验电时，杆下人员未戴安全

帽。验完电后，将验电器挂在横担 U 形抱箍上，然后去接地线，不慎触碰了验电器，验电器从杆上掉下，落在未戴安全帽的监护人头上，导致头部受伤。

事故案例

1986 年 5 月，某电厂施工现场，建筑工地吊装小组在起吊锅炉连接梁就位时，发现锅炉本体内侧有钢筋制作的垂直爬梯影响吊装需割掉。木工年某从火焊工手里要过割炬自己动手割爬梯，割前对爬梯没有进行绑扎固定。爬梯割下后，年某感觉烫手便将爬梯甩开，正好打在钢筋工王某头部，打穿安全帽，造成颅骨粉碎性骨折，当场死亡。

（2）禁止将工具及材料上下投掷，应用绳索拴牢传递，以免打伤下方工作人员或击毁脚手架。高处作业区附近有带电体时，传递绳索应使用干燥的麻绳或尼龙绳，严禁使用金属线。

事故案例

1990 年 4 月，某电厂施工现场，汽机房行车司机在清理行车跑车时，发现跑车走台上有两根无用的槽钢，拾起一根扔到了 17.5m 平台上，在扔第二根槽钢时，槽钢碰在管道上弹回，坠落到 0m 地面，正好砸在一名工人头上，因伤势过重抢救无效死亡。

（3）高处作业中如果需要取掉孔洞盖板，或者临时割开孔洞时，必须装设临时围栏和悬挂标志牌。工作结束后，必须立即恢复原状，以防造成事故。

事故案例

1983年8月，某电厂工程施工现场，锅炉队起重班班长带领两名工人在锅炉25m层安装炉墙护板。当时，平台有两块炉墙护板临时盖在一个预留孔洞上，因施工需要，一名工人揭起炉板，准备安装时没有用其他卷板重新盖孔洞，不慎失足从25m层坠落至10m层，经抢救无效死亡。

事故案例

1981年5月，某电厂锅炉安装现场，一名焊工在锅炉47m平台进行焊接工作，因工作需要，揭掉了平台上一块网格板，但未采取临时加盖防坠措施。工作

中焊条用完起身去平台边拿焊条，返回时忘记了自己刚揭开的网格板孔洞，一脚踩空，从 47m 层坠落至 25m 层，腿部骨折，经抢救脱离生命危险，但留下了终身残疾。

事故案例

1993 年 12 月，某电厂在进行锅炉大修时，因工作需要，检修人员在锅炉 22.5m 平台割开了一个孔洞，工作结束后，未及时将该孔洞封堵好。运行人员在进行起动前检查时，不慎从割开的孔洞中由 22.5m 层坠落至 7m 运行层平台，抢救无效死亡。

（4）禁止在石棉瓦等不坚固的屋顶上站立、行走或工作。为了防止误登，应在这种结构的显著地点挂上标示牌。

事故案例

1981 年 5 月，某发电厂制氧站工人上屋顶检查空气滤清器时，踩破石棉瓦，从屋顶掉下，抢救无效死亡。

（5）高处作业场所的隔离层、孔洞盖板、栏杆、安全网等安全防护设施严禁任意拆除，必须拆除时，应征得原搭设单位同意。工作完毕后立即恢复原状，并经原单位验收认可。

（6）高处作业时不得坐在平台、孔洞边缘，不得骑在栏杆上，不得站在栏杆外工作。

2000 年 7 月，某电厂电气车间电机班班长带领两名工人在锅炉上更换照明灯具。在工作接近尾声时，班长对另两个人说，“我再去昨天更换灯具的地方检查一下是否还有不亮的灯具。”随后一人独自去锅炉 29m 平台，越过平台栏杆蹲在一粉粉管道上。在处理灯具的过程中，转向不慎，顺下降管坠落到 19m 设备平台，造成严重骨折。

（7）不得躺在高处作业场所的走道板上或安全网内休息。

事故案例

2004 年 6 月，某电厂锅炉安装现场，一名锅炉工在等待起重工起吊包墙过热器的工作间隙中，躺在 41m 平台栏杆边网格板上的两块架板上休息。一名安监人员走过此处时叫他起来，这名工人说昨晚加班太晚，稍休息一会儿就起来，这名安监员知道他昨晚确实加班很晚，也就没有深究，只是要求他把安全带挂好。锅炉工满口答应，但等安监员走后，他仍未系安全带，继续躺在原处睡觉，一会儿工夫后，迷迷糊糊翻了一个身，因为身下垫的两块架板紧靠着栏杆边上，架板带着人从栏杆下护板上方滚了出去，掉至 12m 平台上的保温材料中，造成重伤。

（8）利用高空作业车、带电作业车、叉车、高处作业平台等进行高处作业时，高处作业平台应处于稳定状态，需要移动车辆时，作业平台上不得载人。

第三讲

安全带和安全帽的正确使用

本讲结合事故案例对使用安全带、安全帽的规定和要求加以讲述。

一、安全带

安全带是防止高处作业人员发生坠落或发生坠落后将作业人员安全悬挂的个体防护装备，一般分为围杆作业安全带、区域限制安全带和坠落悬挂安全带。其中：围杆作业安全带是通过围绕在固定构造物上的绳或带将人体绑定在固定构造物附近，使作业人员双手可以进行其他操作的安全带；区域限制安全带是用于限制作业人员的活动范围，避免其到达可能发生坠落区域的安全带；坠落悬挂安全带是指高处作业或登高人员发生坠落时，将作业人员安全悬挂的安全带。

安全绳是连接安全带系带与挂点的绳（带、钢丝绳等），一般分为围杆作业用安全绳、区域限制用安全绳和坠落悬挂用安全绳。

速差自控器是一种安装在挂点上、装有一种可收缩长度的绳（带、钢丝绳）、串联在安全带系带和挂点之间、在坠落发生时因速度变化引发制动作用的装置。

缓冲器是串联在安全带系带和挂点之间，发生坠落时吸收部分冲击能量、降低冲击力的装置。

（1）在没有脚手架或者在没有栏杆的脚手架上工作，高度超过 1.5m 时，必须使用安全带，或采取其他可靠安全措施。

（2）2m 及以上的高处作业应使用安全带。

事故案例

1981 年 1 月，某供电局在新建 110kV 线路上施工，当电杆立起夯实后，工作人员登杆解绳扣时，未系安全带，而是将脚扣盘在电杆上，碰巧在解开绳扣，钢丝绳下落时打到左脚及脚扣上，身体失去平衡，从 13m 高处摔下，抢救无效死亡。

（3）应正确选用安全带，其功能应符合现场作业要求，如需多种条件下使用，在保证安全提前下，可选用组合式安全带（区域限制安全带、围杆作业安全带、坠落悬挂安全带等的组合）。

（4）安全带使用前应进行外观检查，不合格的不准使用。检查要求如下：

1）商标、合格证和检验证等标识清晰完整，各部件完整无缺失、无伤残破损。

2）腰带、围杆带、肩带、腿带等带体无灼伤、脆裂及霉

变，表面不应有明显磨损及切口；围杆绳、安全绳无灼伤、脆裂、断股及霉变，各股松紧一致，绳子应无扭结；护腰带接触腰的部分应垫有柔软材料，边缘圆滑无角。

3）织带折头连接应使用缝线，不应使用铆钉、胶粘、热合等工艺，缝线颜色与织带应有区分。

4）金属配件表面光洁，无裂纹、无严重锈蚀和目测可见的变形，配件边缘应呈圆弧形；金属环类零件不允许使用焊接，不应留有开口。

5）金属挂钩等连接器应有保险装置，应在两个及以上明确的动作下才能打开，且操作灵活。钩体和钩舌的咬口必须完整，两者不得偏斜。各调节装置应灵活可靠。

（5）登杆前，应进行围杆带和后备绳的试拉，无异常方可继续使用。

（6）安全带穿戴好后应仔细检查连接扣或调节扣，确保各处绳扣连接牢固。

（7）在杆塔上作业时，应使用有后备绳或速差自锁器的双控背带式安全带，当后备保护绳超过3m应使用缓冲器。安全带和后备保护绳应分别挂在杆塔不同部位的牢固构件上。后备保护绳不准对接使用。

围杆带长度要适应构件尺寸，后备保护绳长度应能保证在工作活动范围内移位灵活。

事故案例

1999年3月，某110kV开关站停运，进行电气设备维护和预防性试验。工作班成员谭某在拆除110kV母线B相接头时，因为螺母锈死，扳手打滑，身体向后翻倾，手抓到绝缘子裙边。但此时安全带结扣处突然松脱，从高2.4m处跌下，造成脊椎粉碎性骨折。事后调查发现，围杆带长度不够，造成结扣处打结裕度不够，在作业中移位使结扣松脱而坠落。

2006年5月，某电力建设总公司进行110kV线路铁塔增加绝缘子工作，施工人员使用无后备绳的安全带。工作时人员骑坐在绝缘子串上，安全带也系在铁塔绝缘子串上。突然，绝缘子U型挂环与铁塔挂点处螺栓发生脱落，导致绝缘子串滑脱，致使骑在绝缘子串上的施工人员坠地死亡。

使用安全绳注意事项

■（1）使用前应进行外观检查，不合格的不准使用。检查要求如下：

■ 1）安全绳的产品名称、标准号、制造厂名及厂址、生产日期（年、月）及有效期、总长度、产品作业类别（围杆作业、区域限制或坠落悬挂）、产品合格标志、法律法规要求标注的其他内容等永久标识清晰完整。

■ 2）安全绳应光滑、干燥，无霉变、断股、磨损、灼伤、缺口等缺陷。所有部件应顺滑，无材料或制造缺陷，无尖角或锋利边缘。护套（如有）完整不应破损。

■ 3）织带式安全绳的织带应加锁边线，末端无散丝；纤维绳式安全绳绳头无散丝；钢丝绳式安全绳的钢丝应捻制均匀、紧密、不松散，中间无接头；链式安全绳下端环、连接环和中间环的各环间转动灵活，链条形状一致。

■（2）使用要求：

■ 1）安全绳应是整根，不应私自接长使用。

■ 2）在具有高温、腐蚀等场合使用的安全绳，应穿入整根具有耐高温、抗腐蚀的保护套或采用钢丝绳式安全绳。

使用速差自控器注意事项

■（1）使用前应进行外观检查，不合格的不准使用。检查要求如下：

■ 1）产品名称及标记、标准号、制造厂名、生产日期（年、月）及有效期、法律法规要求标注的其他内容等永久标识清晰完整。

■ 2）速差自控器的各部件完整无缺失、无伤残破损，外观应平滑，无材料和制造缺陷，无毛刺和锋利边缘。

■ 3）钢丝绳速差器的钢丝应均匀绞合紧密，不得有叠痕、突起、折断、压伤、锈蚀及错乱交叉的钢丝；织带速差器的织带表面、边缘、软环处应无擦破、切口或灼烧等损伤，缝合部位无崩裂现象。

■ 4）速差自控器的安全识别保险装置-坠落指示器（如有）应未动作。

■ 5）用手将速差自控器的安全绳（带）进行快速拉出，速差自控器应能有效制动并完全回收。

■（2）使用要求

■ 1）使用时应认真查看速差自控器防护范围及悬挂要求。

■ 2）速差自控器应系在牢固的物体上，禁止系挂在移动或不牢固的物件上。不得系在棱角锋利处。速差自控器拴挂时严禁低挂高用。

■ 3）速差自控器应连接在人体前胸或后背的安全带挂点上，移动时应缓慢，禁止跳跃。

■ 4）禁止将速差自控器锁止后悬挂在安全绳（带）上作业。

使用缓冲器注意事项

■（1）使用前应进行外观检查，不合格的不准使用。检查要求如下：

■ 1）产品名称、标准号、产品类型（Ⅰ型、Ⅱ型）、最大展开长度、制造厂名及厂址、产品合格标志、生产日期（年、月）及有效期、法律法规要求标注的其他内容等永久标识清晰完整。

■ 2）缓冲器所有部件应平滑，无材料和制造缺陷，无尖角或锋利边缘。

■ 3）织带型缓冲器的保护套应完整，无破损、开裂等现象。

■（2）使用要求

■ 1）使用时应认真查看缓冲器防护范围及防护等级。

■ 2）缓冲器与安全绳及安全带配套使用时，作业高度要足以容纳安全绳和缓冲器展开的安全坠落空间。

■ 3）缓冲器禁止多个串联使用。

■ 4）缓冲器与安全带、安全绳连接应使用连接器，严禁绑扎使用。

（8）在特殊的高处作业场所，因条件限制，需要将安全带系挂在较低位置时，应与缓冲器配合使用，以减少人体坠落时的冲击力，避免或减轻伤害。

事故案例

1990年9月，某电厂检修工在管架上处理渣浆管渗漏缺陷，因为上部无结构可挂安全带，就在无缓冲器的情况下，将安全带挂在身下的一个管道支座上。工作中不慎失手掉下，由于安全带挂点太低，又不在身体正下方，致使身体猛向旁边的混凝土支柱悠去，肩膀撞在支柱上，造成轻伤。

（9）安全绳或速差自控器应悬挂在工作地点附近靠上的部位，从而使工作人员在转移工作位置时不会失去保护。

（10）安全带的腰带和保险带、绳应有足够的机械强度，材料应有耐磨性，卡环（钩）应具有保险装置。

（11）在电焊作业或其他有火花、熔融源等的场所使用的安全带或安全绳应有隔热防磨套。

（12）安全带的挂钩或绳子应挂在结实牢固的构件或专为挂安全带用的钢丝绳上，应采用高挂低用的方式 。禁止系挂在移动或不牢固的物件上［如隔离开关（刀闸）支持绝缘子、瓷横担、未经固定的转动横担、线路支柱绝缘子、避雷器支柱绝缘子等］。

事故案例

2009 年 4 月，某火电建设公司，由起重工指挥吊车吊起刚性梁组合件（长 15.2m、高 8.5m、重 18.4t），吊到就位高度，用 5 个 5t、2 个 3t 的链条葫芦接钩（用钢丝绳把链条葫芦分别挂在上部刚性梁上，下端通过钢丝绳挂起刚性梁组合件）。做好接钩工作后，通知吊车松钩，吊车松钩后，刚性梁组合件由 7 个链条葫芦吊着，准备进行调整就位作业。

当刚性梁组合件调整到快就位穿螺栓时，刚性梁左侧第一个 5t 链条葫芦上部钩子突然断裂，其余 6 个吊点的链条葫芦也相继断裂，导致刚性梁组件向下坠落，组件左侧先着地，垂直插入零米地面。站在刚性梁上的 5 人由于安全带挂在起吊刚性梁组件的链条葫芦上也随着一起下坠，其中 1 人落至零米，2 人落在刚性梁上面校平装置梁上，1 人落在炉前 12.6m 层钢架梁上，1 人落在 12.6m 层前侧的安全网上；将安全带挂在上部水冷壁葫芦链条上的 2 人被安全带吊在空中。本次事故造成 4 人死亡，1 人重伤，2 人轻伤。

（13）安全带的腰带应系在最大臀围以上，靠近腰骨的部位，不能系在最大臀围以下或腰部，以防人体从腰带里滑出，或损伤腰骨。

（14）当高处作业活动范围较大，安全带使用不便时，应使用安全绳或者速差自控器。

事故案例

1996 年 8 月，某电厂锅炉安装现场，起重工配合锅炉工吊起一根钢梁在锅炉 53m 平台就位。因为钢丝绳绑扎点离平台很远，系上安全带无法过去摘钩，班长就让从工具房拿一个速差自控器，挂在上一层结构上，然后骑在横梁上爬行过去摘钩。然而，起重工怕麻烦，就未挂安全带，从梁上走过去摘钩。卡环连接点解开后，钢丝绳向吊钩中心悠去，钢丝头挂了一下起重工的鞋，使起重工身体失去平衡，从梁上掉下，摔至 42m 层平台，造成重伤。

（15）作业人员攀登杆塔、杆塔上转位及杆塔上作业时，手扶的构件应牢固，不准失去安全保护，并防止安全带从杆顶脱出或被锋利物损坏。

事故案例

1991 年 7 月，某电业局在更换 220kV 线路绝缘子时，工作人员用的是未带保险绳的安全带，而且将安全带系挂在导线上，当将导线提起并固定好拉绳，工作人员将绝缘子串与导线连接的金具摘脱时，悬挂滑车的蚕丝绳被横担斜材加强板上的毛刺割断，导线落在叉梁上又被弹起，这时安全带联结环变形脱开，工作人员从 17. 3m 处掉下，造成双腿骨折。

事故案例

2004年4月，某供电公司在0.4kV电杆上进行安装表箱作业，杆上有4根低压线、2根横担和用户抽水用表箱的4根引线，工作负责人觉得工作班成员一人作业不方便，且速度太慢，便放弃监护上杆一同作业。在固定好表箱上端，准备固定下端时，工作负责人解开挂在横担上侧的安全带，在往横担下侧移动的过程中，由于失去安全带保护，从杆上4.5m处坠落，经抢救无效死亡。

（16）高处作业人员在作业过程中，应随时检查安全带是否拴牢 。

（17）高处作业人员在转移作业位置时不准失去安全保护。

（18）在坝顶、陡坡、屋顶、悬崖、杆塔、吊桥以及其他危险的边沿进行工作，临空一面应装设安全网或防护栏杆，否则，作业人员应使用安全带。

（19）围杆作业安全带一般使用期限为3年，区域限制安全带和坠落悬挂安全带使用期限为5年，如发生坠落事故，则应由专人进行检查，如有影响性能的损伤，则应立即更换。

（20）安全带应放在干燥、通风、避免阳光直晒、无腐蚀及有害物质的位置，并与热源保持1m以上的距离。安全带不使用时，应由专人保管。存放时，不应接触高温、明火、强酸、强碱或尖锐物体，不应存放在潮湿的地方。储存时，应对安全带定期进行外观检查，发现异常必须立即更换，检查频次应根据安全带的使用频率确定。

二、安全帽

安全帽是对人头部受坠落物及其他特定因素引起的伤害起防护作用。由帽壳、帽衬、下颏带及附件等组成。

（1）高处作业人员必须正确佩戴安全帽。

（2）针对不同的生产场所，根据安全帽产品说明选择适用的安全帽。

（3）安全帽使用前应进行外观检查，不合格的不准使用。检查要求如下：

1）永久标识和产品说明等标识清晰完整，安全帽的帽壳、帽衬（帽箍、吸汗带、缓冲垫及衬带）、帽箍扣、下颏带等组件完好无缺失。

2）帽壳内外表面应平整光滑，无划痕、裂缝和孔洞，无灼伤、冲击痕迹。

3）帽衬与帽壳连接牢固，后箍、锁紧卡等开闭调节灵活，卡位牢固。

4）使用期从产品制造完成之日起计算：植物枝条编织帽不得超过两年，塑料和纸胶帽不得超过两年半；玻璃钢（维纶钢）橡胶帽不超过三年半，超期的安全帽应抽查检验合格后方可使用，以后每年抽检一次。每批从最严酷使用场合中抽取，每项试验试样不少于2顶，有一顶不合格，则该批安全帽报废。

5）带电作业用安全帽的产品名称、制造厂名、生产日期及带电作业用（双三角）符号等永久性标识清晰完整。

2002年7月，某送变电公司在220kV变电站更换主变，工作人员未认真检查，随手佩戴了一顶帽壳与顶衬无缓冲空间的安全帽，作业时，从2.5m高的设备支架上掉下，头部着地，死亡。

（4）安全帽戴好后，应将帽箍扣调整到合适的位置，锁紧下颚带，防止工作中前倾后仰或其他原因造成滑落。

（5）受过一次强冲击或做过试验的安全帽不能继续使用，应予以报废。

（6）严禁用安全帽充当坐垫、器皿使用，不得在安全帽上乱涂乱画或粘贴图文。

（7）带电作业时应佩戴带电作业用安全帽。

（8）高压近电报警安全帽使用前应检查其音响部分是否良好，但不得作为无电的依据。

（9）安全帽应存放在干燥、通风、避光的环境下，存放时离开地面和墙壁 20cm 以上，离开发热源 1m 以上，避免阳光、灯光或其他光源直射，避免雨雪浸淋，防止挤压、折叠和尖锐物体碰撞，严禁与油、酸、碱或其他腐蚀性物品存放在一起。

第四讲

杆塔作业安全要求

本讲结合事故案例对杆塔作业的安全规定和要求加以讲述。

一、杆塔上作业

（1）上下铁塔应沿脚钉或爬梯攀登，不得沿单根构件上爬或下滑。攀登无爬梯或无脚钉的钢筋混凝土电杆必须使用登杆工具。多人上下同一杆塔时应逐个进行。

（2）严禁利用绳索或拉线上下杆塔或顺杆下滑。

（3）攀登杆塔作业前，应先检查根部、基础和拉线是否牢固。遇有冲刷、起土、上拔或导地线、拉线松动的杆塔，应先培土加固，打好临时拉线或支好架杆后，再行登杆。

上横担进行工作前，应检查横担连接是否牢固和腐蚀情况，检查时安全带（绳）应系在主杆或牢固的构件上。

事故案例

1977 年 9 月，某供电局在进行低压线路整改时，工作人员未检查木杆杆根，便登杆作业。当在杆上剪断最后一根导线时，电杆因杆根腐烂倒地，人随杆摔下，抢救无效死亡。

事故案例

1987 年 6 月，某供电局更换 10kV 线路电杆工作前，发现电杆杆基已被取土，但登杆前未采取加固措施，当工作人员登杆松开三相导线，准备拆中线杆顶角铁时，电杆倒地，人随杆倒下，当场死亡 。

（4）登杆塔前，应先检查登高工具、设施，如：脚扣、升降板、安全带、梯子和脚钉、爬梯、防坠装置等是否完整牢靠。禁止携带器材登杆或在杆塔上移位。攀登有覆冰、积雪的杆塔时，应采取防滑措施。

使用脚扣注意事项

■（1）使用前应进行外观检查，不合格的不准使用。检查要求如下：

■ 1）标识清晰完整，金属母材及焊缝无任何裂纹和目测可见的变形，表面光洁，边缘呈圆弧形。

■ 2）围杆钩在扣体内滑动灵活、可靠、无卡阻现象；保险装置可靠，防止围杆钩在扣体内脱落。

■ 3）小爪连接牢固，活动灵活。

■ 4）橡胶防滑块与小爪钢板、围杆钩连接牢固，覆盖完整，无破损。

■ 5）脚带完好，止脱扣良好，无霉变、裂缝或严重变形。

■（2）使用要求：

■ 1）登杆前，应在杆根处进行一次冲击试验，无异常方可继续使用。

■ 2）应将脚扣脚带系牢，登杆过程中应根据杆径粗细随时调整脚扣尺寸。

■ 3）特殊天气使用脚扣时，应采取防滑措施。

■ 4）严禁从高处往下扔摔脚扣。

事故案例

2002年9月，某供电所进行0.4kV线路检修，作业人员使用不合格的脚扣（未按试验周期进行试验，超期使用），在登杆过程中脚扣断裂，发生人身重伤事故。

（5）作业人员攀登杆塔、杆塔上转位及杆塔上作业时，手扶的构件应牢固，不准失去安全保护，并防止安全带从杆顶脱出或被锋利物损坏。

事故案例

2006年4月，某供电支公司线路班进行10kV线路检修，作业人员攀登电杆过程中，未系安全带，脚扣使用不当，从高处坠落，造成右腿骨折。

（6）在登杆时，脚扣皮带的松紧要适当，两个脚扣不能互相交叉，以防脚扣在脚上转动或脱落。

大风天气，应从上风侧攀登，在倒换脚扣时，不得互相碰撞。

（7）站在脚扣上进行高处作业时，脚扣必须与电杆扣稳。

事故案例

2014年10月，某新入职员工培训班输电线路实训场进行输电专业基本技能登杆实训。学员韩××在实训场0.4kV农电一线01号杆进行登杆训练。当向上攀登至距地面5m左右高度时，一只脚扣意外脱落，没有及时抱住杆体，另一只脚扣松脱。下坠过程中背部安全防坠器速差动作，在身体重力作用下，安全带相对身体突然上提，导致胸前锁固横带猛烈冲击下颌，意外造成颈椎错位损伤。经现场紧急施救和医院急救无效死亡。

（8）用升降板登杆时，升降板的挂钩应朝上，并用拇指顶住挂钩，以防松脱。在倒换升降板时，保持人体平衡，两板间距不宜过大。

事故案例

1976 年 5 月，某电业局在进行 35kV 线路施工中，工作人员在用升降板下杆时，由于板间距离过大，当用双手去摘掉挂钩时，身体失去平衡，从 8m 多高处摔下，造成颈椎骨折，医治无效死亡。

（9）在杆塔上作业时，应使用有后备绳或速差自锁器的双控背带式安全带，当后备保护绳超过 3m 应使用缓冲器。安全带和后备保护绳应分别挂在杆塔不同部位的牢固构件上。后备保护绳不准对接使用。

在杆塔上作业，工作点下方应按坠落半径设围栏或其他保护措施。

（10）杆塔作业应使用工具袋，较大的工具应固定在牢固的构件上，不准随便乱放。上下传递物件应用绳索拴牢传递，禁止上下抛掷。

（11）杆塔上下无法避免垂直交叉作业时，应做好防落物伤人的措施，作业时要相互照应，密切配合。

（12）在杆塔上水平使用梯子时，应使用特制的专用梯子。

工作前应将梯子两端与固定物可靠连接，一般应由一人在梯子上工作。

（13）在相分裂导线上工作时，安全带（绳）应挂在同一根子导线上，后备保护绳应挂住整相导线。

（14）检修杆塔不准随意拆除受力构件，如需要拆除时，应事先做好补强措施。调整杆塔倾斜、弯曲、拉线受力不均或迈步、转向时，应根据需要设置临时拉线及其调节范围，并应有专人统一指挥。

（15）在带电杆塔上进行测量、防腐、巡视检查、紧杆塔螺栓、清除杆塔上异物等工作，作业人员活动范围及其所携带的工具、材料等与带电导线最小距离不准小于《电力安全工作规程》（线路部分）中的规定，见表4-1。如不能保持表4-1中要求的距离时，应按照带电作业工作或停电进行。

表 4-1　在带电线路杆塔上工作与带电导线最小安全距离

电压等级/kV	10 及以下	20~35	44	60~110	154	220	330	500
安全距离/m	0.70	1.00	1.20	1.50	2.00	3.00	4.00	5.00

在带电线路杆塔上工作，必须设专人监护。

事故案例

2009 年 6 月，某供电公司送电工区带电班，在带电的 66kV 木瓦线安装防绕击避雷针作业中，未设专责监护人，工作票签发人擅自登塔，发生触电坠落死亡事故。

（16）在 10kV 及以下的带电杆塔上进行工作，工作人员距最下层带电导线垂直距离不准小于 0.7m。

（17）禁止在有同杆架设的 10kV 及以下线路带电情况下，

进行另一回线路的停电施工作业。若在同杆架设的 10kV 及以下线路带电情况下，当满足表 4-1 规定的安全距离且采取可靠防止人身安全措施的情况下，可以进行下层线路的登杆停电检修工作。

（18）遇有 5 级以上的大风时，禁止在同杆塔多回线路中进行部分线路停电检修工作。

（19）在 330kV 及以上电压等级的带电线路杆塔上及变电站构架上作业，应采取穿着静电感应防护服、导电鞋等防静电感应措施（220 千伏线路杆塔上作业时宜穿导电鞋）。

（20）绝缘架空地线应视为带电体。作业人员与绝缘架空地线之间的距离不应小于 0.4m（1000kV 为 0.6m）。如需在绝缘架空地线上作业时，应用接地线或个人保安线将其可靠接地或采用等电位方式进行。

二、杆塔施工

（1）立、撤杆应设专人统一指挥。开工前，要交代施工方法，指挥信号和安全，组织、技术措施，工作人员要明确分工、密切配合、服从指挥。在居民区和交通道路附近立、撤杆时，应具备相应的交通组织方案，并设警戒范围或警告标志，必要时派专人看守。

（2）立、撤杆塔过程中基坑内禁止有人工作。除指挥人及指定人员外，其他人员应在处于杆塔高度的 1.2 倍距离以外。

（3）组立（拆、换）杆塔应设安全监护人。

（4）杆塔组立的加固绳和临时拉线必须使用钢丝绳。在受力钢丝绳的内角侧严禁有人。

事故案例

2001 年 4 月，某供电所新建 0.4kV 线路，施工中用尼龙绳代替钢丝绳做临时拉线，因拉线断裂致使电杆倾倒，造成杆上作业人员重伤。

（5）临时拉线必须在永久拉线全部安装完毕后方可拆除，拆除时应由现场负责人统一指挥。严禁采用安装一根永久拉线、拆除一根临时拉线的做法。

（6）拆除受力构件必须事先采取补强措施。

（7）杆塔材、工具严禁浮搁在杆塔及抱杆上。

（8）组立铁塔时，地脚螺栓应及时加垫片，拧紧螺帽，并应及时连上接地线。

（9）立杆及修整杆坑时，应有防止杆身倾斜、滚动的措施，如采用拉绳和叉杆控制等。

（10）顶杆及叉杆只能用于竖立 8m 以下的拔梢杆，不准用铁锹、桩柱等代用。竖立 10m 以上电杆时，应使用抱杆立杆。立塔前应先检查抱杆正直、焊接、铆固等情况。

组立 220kV 及以上杆塔时，不得使用木抱杆。

（11）拆除抱杆应事先采取防止拆除段自由倾倒措施，然后逐段拆除，严禁提前拧松或拆除部分连接螺栓。

事故案例

2006 年 4 月，某县支公司在组立 10m 水泥杆作业中，因错误使用两架木梯作叉杆立杆，发生一起倒杆死亡事故。

（12）利用已有杆塔立、撤杆，应先检查杆塔根部及拉线和杆塔的强度，必要时增设临时拉线或其他补强措施。

（13）使用吊车立、撤杆时，钢丝绳套应挂在电杆的适当位置以防止电杆突然倾倒。吊件垂直下方严禁有人。吊重和吊车位置应选择适当，吊钩口应封好。应有防止吊车下沉、倾斜的措施。起、落时应注意周围环境。撤杆时，应先检查有无卡盘或障碍物并试拔。

（14）在撤杆工作中，拆除杆上导线前，应先检查杆根，做好防止倒杆措施，在挖坑前应先绑好拉绳。

事故案例

2006 年 8 月，某市供电公司在 0.4kV 线路电杆移位施工中，因电杆回填土被挖开，致使电杆埋深不够，未采取防范措施，造成电杆倾倒，发生人身死亡事故。

（15）使用抱杆立、撤杆时，主牵引绳、尾绳、杆塔中心及抱杆顶应在一条直线上。抱杆下部应固定牢固，抱杆顶部应设临时拉线控制，临时拉线应均匀调节并由有经验的人员控制。抱杆应受力均匀，两侧拉绳应拉好，不准左右倾斜。固定临时拉线时，不准固定在有可能移动的物体上，或其他不牢固的物体上。

（16）整体立、撤杆塔前应进行全面检查，各受力、联结部位全部合格方可起吊。立、撤杆塔过程中，吊件垂直下方、受力钢丝绳的内角侧禁止有人。杆顶起立离地约0.8m时，应对杆塔进行一次冲击试验，对各受力点处作一次全面检查，确无问题，再继续起立；杆塔起立70°后，应减缓速度，注意各侧拉线；起立至80°时，停止牵引，用临时拉线调整杆塔。

（17）牵引时，不准利用树木或外露岩石作受力桩。一个锚桩上的临时拉线不准超过两根，临时拉线不准固定在有可能移动或其他不可靠的物体上。临时拉线绑扎工作应由有经验的人员担任。临时拉线应在永久拉线全部安装完毕承力后方可拆除。

事故案例

2004年8月，某供电局在10kV电杆移位施工中，用人力代替临时拉线锚桩发生倒杆，造成人身死亡事故。

（18）杆塔分段吊装时，上下段连接牢固后，方可继续进行吊装工作。分段分片吊装时，应将各主要受力材连接牢固后，方可继续施工。

（19）杆塔分解组立时，塔片就位时应先低侧、后高侧。主材和侧面大斜材未全部连接牢固前，不准在吊件上作业。提升抱杆时应逐节提升，禁止提升过高。单面吊装时，抱杆倾斜不宜超过15°；双面吊装时，抱杆两侧的荷重、提升速度及摇臂的变幅角度应基本一致。

（20）在带电设备附近进行立撤杆工作，杆塔、拉线与临时拉线应与带电设备保持《电力安全工作规程》规定的安全距离，且有防止立、撤杆过程中拉线跳动和杆塔倾斜接近带电导线的措施。

（21）已经立起的杆塔，回填夯实后方可撤去拉绳及叉杆。

回填土块直径应不大于 30mm，回填应按规定分层夯实。基础未完全夯实牢固和拉线杆塔在拉线未制作完成前，禁止攀登。

事故案例

2000 年 5 月，某供电公司农网改造施工队在某村低压整改工地立 12m 电杆，电杆起立后因拉绳挂在旧低压线上被卡死，影响电杆就位。在杆坑未填土，杆根未就位的情况下，现场的该村技术负责人命令一名农电工上杆将受力拉绳解开，拉绳解开后，杆向反方向倒下，并在坑口断成两截，造成随杆坠落的农电工左膝关节严重粉碎性骨折，无法实施手术，被迫截肢。

（22）杆塔施工中不宜用临时拉线过夜；需要过夜时，应对临时拉线采取加固措施。

（23）杆塔上有人时，不准调整或拆除拉线。

事故案例

2003 年 7 月，某送变电工程公司在组立 500kV 拉 V 塔过程中，塔上有人作业，地面人员违章调整拉线，发生倒塔，造成 3 人死亡。

（24）调整杆塔倾斜或弯曲时，应根据需要增设临时拉线；杆塔上有人时，不得调整临时拉线。

（25）在杆塔上放线时，必须加设合格的临时拉线，以平衡杆两侧的张力。雷雨天不准进行放线作业。

（26）紧线、撤线前，应检查拉线、桩锚及杆塔。必要时，应加固桩锚或加设临时拉绳。拆除杆上导线前，应先检查杆根，做好防止倒杆措施，在挖坑前应先绑好拉绳。

事故案例

2004 年 9 月，某供电所将 0. 4kV 耐张杆由原来的 7m 杆更换为 10m 杆后，在未检查拉线是否牢固和未采取有效安全措施的情况下，工作负责人安排 3 人上杆作业。3 人在收紧线的过程中，拉线（利用旧拉线）断脱，电杆从离地面约 0. 3m 处断裂，造成杆上作业的 1 人死亡、1 人重伤、1 人轻伤。

事故案例

2010 年 9 月，我国某送变电公司在埃塞俄比亚 BBDA 输电线路新建施工，设计时没有考虑装设临时拉线，在紧线过程中发生铁塔垮塌造成 4 名中国籍民工死亡，1 名当地民工死亡、2 人受伤。

（27）交叉跨越各种线路、铁路、公路、河流等放、撤线时，应先取得主管部门同意，做好安全措施，如搭好可靠的跨越架、封航、封路、在路口设专人持信号旗看守等。

事故案例

2009年6月，某送变电公司在进行500kV线路跨越电气化铁路施工过程中，跨越施工封顶网下落，封顶网的承力索与电气化铁路接触网接触，造成铁路中断运行。

（28）禁止采用突然剪断导线、架空地线的做法松线。

事故案例

1980年2月，某电业局在更换110kV线路轻型拉线钢筋塔的施工中，片面追求施工进度，放线时未加临时拉线。当将铁塔小号侧的导线、架空地线都放下来以后，再放大号侧的导线和架空地线时，未按现场安全措施的要求，将绞磨由大号侧移到小号侧。当剪断最后一条架空地线时，由于塔顶受到单方向的冲击力，加之塔腿结构薄弱，致使铁塔腿部在距地面4m多高处折弯倒下，在塔顶上工作的三个人随塔坠落，抢救无效死亡。

（29）新立杆塔在杆基未完全牢固或做好临时拉线前，禁止攀登。

（30）带电更换架空地线或架设耦合地线时，应通过金属滑车可靠接地。

（31）用绝缘绳索传递大件金属物品（包括工具、材料等）

时，杆塔或地面上作业人员应将金属物品接地后再接触，以防电击。

（32）新建钢管杆塔、30m 以上杆塔和 220kV 及以上线路杆塔必须装设防止作业人员上下杆塔和杆塔上水平移动的防坠安全保护装置。

第五讲

登梯作业安全要求

本讲结合事故案例对登梯作业的安全规定和要求加以讲述。

（1）梯子应坚固完整，有防滑措施。梯子的支柱应能承受作业人员及所携带的工具、材料攀登时的总质量。

硬质梯子的横档应嵌在支柱上，梯阶的距离不应大于40cm，并在距梯顶1m处设限高标志。使用单梯工作时，梯与地面的斜角度为60°左右。梯子不宜绑接使用。人字梯应有限制开度的措施。

（2）高处作业使用的各种梯子，在使用前应进行检查、试登，确认可靠后方可使用。使用人字梯前，应检查梯子的铰链和限制开度的拉链应完好。

（3）梯子不宜接长或垫高使用。如需接长时，应用铁卡子或绳索切实卡住或绑牢并加设支撑。禁止把梯子放在木箱等不稳固的支持物上使用。

事故案例

1994年5月，某电厂电气车间检修工扛上木梯到循环水泵房更换墙灯。梯子高度离墙灯大约差1m，就从厂房门外搬来一只空油桶，垫在梯子底下，一人扶持，一人上梯更换灯泡。当上到梯顶还未开始工作，油桶已经开始摇晃，扶梯人控制不住，梯子倒地，梯上电工摔下，手臂摔成重伤。

（4）梯子应放置稳固。有人在梯子上工作时，梯子应有人扶持和监护。人在梯子上时，禁止移动梯子，严禁上下抛掷工具、材料。

（5）在水泥或光滑的地面上，应使用梯脚装有防滑胶套或胶垫的梯子。在泥土地面上，应使用梯脚带有铁尖的梯子。

事故案例

1991 年 10 月，某电厂检修工用梯子登高处理灰斗料位计，使用的是带防滑套的铝合金梯子，但一只梯脚丢掉了防滑胶套。使用时支上光滑的水泥地上，当检修工用改锥拧螺丝时，无防滑胶套的梯脚突然滑动，梯子旋转倾倒。检修工摔到地面，胳膊受伤。

（6）在梯上工作时，一只脚踩在梯阶上，一条腿跨过梯阶踩在或用脚面钩住比站立梯阶高出一阶的梯阶上，距梯顶不应小于 1m，以保持人体的稳定。

（7）靠在管子、导线上使用梯子时，其上端需用挂钩挂住或用绳索绑牢。

事故案例

1992 年 8 月，某电厂在一次达标检查中，组织机关干部下车间劳动，清扫设备。两人来到锅炉车间，扛上梯子，帮助清理冷却水管道上的积灰。两人将梯子靠管道立好，一人扶梯，一人上梯清理，梯顶和管道未作任何固定。工作中，梯顶滑动了一下，由于梯子太高，扶梯人控制不住，连人带梯倒地，造成肘部重伤。

（8）在通道上使用梯子时，应设监护人或设置临时围栏。梯子不准放在门前使用，必要时应采取防止门突然开启的措施。

（9）使用软梯、挂梯作业或用梯头进行移动作业时，软梯、挂梯或梯头上只准一人工作，工作人员应衣着灵便。作业人员到达梯头上进行工作和梯头开始移动前，应将梯头的封口可靠封闭，否则应使用保护绳防止梯头脱钩。

软梯的架设应指定专人负责或由使用者亲自架设，软梯应挂在牢靠的物体上。

攀登软梯前，要借助人体重力向下踩蹬，证实完好后方可登梯。

在登梯过程中，必须使用保险绳。

事故案例

1988 年 9 月，某供电局在进行 220kV 线路带电作业时，工作前对绝缘软梯逐级进行外观检查，软梯挂在导线上以后，又借人体重量进行了多次冲击试验，确认牢靠后开始攀登。攀登时未用安全绳，当登至接近铝合金梯头，离地面约 18m 处时，软梯编织回头扣芯抽脱，人和软梯突然离开挂在导线上的铝合金梯头，一起坠落地面，经抢救无效死亡。

（10）在户外变电站和高压室内搬动梯子、管子等长物，应两人放倒搬运，并与带电部分保持足够的安全距离。

（11）在变、配电站（开关站）的带电区域内或临近带电线路处，禁止使用金属梯子。

第六讲

脚手架作业安全要求

本讲结合事故案例，对脚手架作业的安全规定和要求加以讲述。

（1）高处作业均应先搭设脚手架、使用高空作业车、升降平台或采取其他防止坠落措施，方可进行。

脚手架的主要作用是在高处作业时供堆料、短距离水平运输及作业人员在上面进行施工作业。

脚手架应满足以下基本要求

■ 要有足够的牢固性和稳定性，保证施工期间在所规定的荷载和气候条件下，不产生变形、倾斜和摇晃。

■ 要有足够的使用面积，满足堆料、运输、操作和行走的要求。

■ 构造要简单，搭设、拆除和搬运要方便。

（2）每项脚手架工程都要有经批准的施工方案。严格按照此方案搭设和拆除。

（3）高处作业使用的脚手架应经验收合格后方可使用。上下脚手架应走坡道或梯子，作业人员不准沿脚手杆或栏杆等攀爬。

事故案例

2010年8月，某电业局进行220kV变电站改建，工程内容：将原来的户外变电站改建为全户内式GIS变电站。将土建工程分包给鑫佳城公司，由其负责层间楼板的混凝土浇筑和脚手架搭设工作。电业局在组织验收脚手架时，发现1、2号主变压器室顶板支撑脚手架搭设存在立横杆间距过大、剪刀撑和扫地杆数量不足、部分支撑结构悬空等问题，当即向鑫佳城公司下达了整改通知书。接着，鑫佳城公司安排工人对不合格部分脚手架进行整改加固。加固完毕，鑫佳城公司为了抢工期，在没有通知电业局复查验收且无人进行作业监护的情况下，作业负责人擅自带领9名混凝土工和1名钢筋工共11人，开始进行混凝土浇筑作业。作业人员正在进行15.31m层主变压器顶板混凝

土浇筑且已完成约 $26m^3$、顶板和梁柱即将形成时，作业面的模板支撑体系突然垮塌，当即造成顶板上作业人员一同落下，致 1 人死亡、2 人重伤、8 人轻伤。

事故案例

1979 年 6 月，某电厂扩建施工现场，锅炉加热面班郭某等承担着锅炉水冷壁密封任务。为满足 24m 标高折焰角以下水冷壁密封工作的需要，郭某等未经核算和批准，口头委托架子班从炉膛主吊盘水平方向搭出一个木吊架。未对吊架进行检查，就开始进入吊架工作。约 30min 后，木吊架突然断落，在吊架上工作的 8 名工人全部坠落，郭某坠落到 1m 标高处左侧灰渣室中死亡，其余 5 人重伤，2 人轻伤。

（4）脚手架的搭设工具及所用的材料，必须符合安全规程的要求。严禁使用扭曲、变形、破损等不合格的材料。

事故案例

1980 年 5 月，某电厂单身楼施工，一名工人在用小车运送混凝土的过程中，脚手板下的一根不合格小横杆突然断裂，致使人与小车一起从 8m 高处坠落地面，抢救无效死亡。

（5）脚手架的搭设人员必须系挂好安全带。在转位频繁或活动范围较大的工作中，可使用速差自控器，配合安全带来进行保护，切不可怕麻烦，或因行动不便而不使用安全带。

1980 年 10 月，某电厂施工现场，锅炉工地架子工组长张某等 4 人在锅炉顶部 68.6m 标高处搭脚手架。当范某和王某站在 68.6m 标高处脚手架的下横档管上，准备紧外侧加强立柱杆下面的夹头时，由于下横档管左侧的直管夹头螺栓未拧紧，受力后横杆脱落。王某因未系安全带，坠落至 31.6m 标高钢架水平斜撑及横梁上死亡。范某被安全带悬在空中没有受伤。

（6）脚手架的搭设应自下而上顺序进行。每层的构件要连接牢固，同时应将每层的梯子装好。

（7）脚手架的立杆要垂直，横杆必须平行并与立杆成直角搭设。

（8）脚手架底部立杆要采用金属底座或垫土、搿杆等稳固措施。

（9）脚手架两端、转角处以及每隔 6~7 根立杆，要设支杆及剪刀撑。

（10）脚手架高度超过 7m 以上时，竖向每隔 4m，横向每隔 7m 必须与构筑物连接牢固。

（11）在需要铺放脚手架的地方一定要铺满，而且将两端绑牢，不得有空隙和探头板。

事故案例

1996 年 9 月，某电厂汽机检修车间工人更换冷却水管阀门，架子工在工作面 6.5m 平台上搭设一个简易脚手架，因为离地不高，铺好架板后，架板未绑，

只是提醒了检修工注意安全。检修工也认为一会儿工夫就干完的小活，稍微小心点没什么问题，就答应了。当拆下损坏的旧阀门，回身拿新备件时，踩在架板一端，架板以平台栏杆为支点，另一端翘起，检修工滑脱坠落地面，脚骨损伤。

（12）架板在需要交叉搭设处，应用木块做成斜面垫平并加固，以防将人绊倒发生意外。

（13）脚手架的外侧，应按设计要求装设栏杆和挡脚板。

（14）在搬运器材，或者有车辆通过的通道，脚手架的立柱应设围栏，并悬挂标示牌，以免撞坏脚手架给高处作业人员造成危害。

（15）未完成的脚手架，作业人员离开作业岗位（休息或下班）时，不得留有未固定的构件，并保证架子稳定。

（16）在防雷保护范围之外，应按规定安装防雷保护装置。

（17）长期使用的脚手架应经常检查，在大风、暴雨后及解冻期应加强检查。

（18）长期停用的脚手架，在恢复使用前应经检查合格，方可使用。

（19）如果需要通过梯子上下脚手架，上下时严禁手拿工具。

事故案例

1997 年 5 月，某电厂电除尘安装现场，锅炉工附属班工人准备上脚手架安装顶部箱梁。手拿梅花扳手爬梯子时，梅花扳手掉落，砸在脚背上，致使身体失去平衡，从 4m 高处跌至地面，腰部重伤。

（20）在脚手架上方有带电导线时，竹木脚手架应加装绝缘子；钢管脚手架应另设木横担，作业人员应加以注意，以防发生触电坠落事故。

事故案例

1991 年 11 月，某电厂建筑工地，一名工人在脚手架上拿一根长约 10m 的钢筋转弯时，不注意钢筋碰到上部架空电线，触电后从脚手架上坠落地面，抢救无效死亡。钢筋坠落，又砸伤地面上另一作业工人。

（21）在脚手架上进行电焊、切割作业时，应有隔离防护措施，以免烧伤脚手架。

事故案例

1986 年 6 月，某电厂在锅炉检修时，一焊工在脚手架上安装钢梁加固板，在用割炬切割时，不慎将绑扎吊杆的铁丝烧伤。当他在吊架上行走时吊杆滑落，从 52m 的高处坠落到 40m 的钢平台上，抢救无效死亡。

（22）脚手架的承载能力有限，禁止将脚手架作为起重吊物的承力结构，也禁止在脚手架上超负荷堆放物件，施工用料应随用随吊。

事故案例

1996 年 9 月，某电厂一工业水泵房施工现场，建筑工人在脚手架上砌保温砖，使用 25t 汽车吊吊运保

温砖放在脚手架上，因为保温砖堆放过多，压塌脚手架，两名工人坠落，一人重伤，一人轻伤。

（23）不准将脚手架的材料挪作他用。

事故案例

1990 年 4 月，某电厂锅炉大修现场，锅炉检修工安装锅炉水冷壁吹灰器，需要一根长撬棍，看到旁边有一无人使用的脚手架，就从脚手架上将一根和固定平台栏杆连接的斜撑管拆下，拿去撬吹灰器。撬完后将架管放在一边，没有恢复原脚手架。第二天电气检修工登上该脚手架作业时，脚手架整体失稳倒下，将工作人员摔至平台上，前额头创伤，电气试验仪表摔坏。

（24）在需要用小型脚手架或简易脚手架进行高处作业时，应按规定进行设计搭设。

事故案例

1986 年 9 月，某电厂施工现场，锅炉队钢架班在泡沫消防泵房内 5.6m 高处的工字梁上安装手动 3t 小跑车。班长周某自己下料，用 30mm×4mm 的接地线扁铁焊接成两个工字形吊架。下午，周亲自爬到工字梁上焊吊架，然后铺好板子，站在上面将安装不合格的跑车取下。在地面测量后，又分两块往上拉。当拉第二块时，吊架脱落，因未系安全带，从 4.8m 高处坠落，经抢救无效死亡。

（25）挑式脚手架的斜杆应支承在建筑物的牢固部位，斜杆与地面的夹角不大于30°。

（26）移动式脚手架在使用前应与建筑物绑牢，并将滚动部分固定住。

（27）悬吊式脚手架和吊笼的悬吊部分在搭设前要进行设计，使其结构合理，并具有足够的承载强度。安装时要严格按设计要求进行，不得随意变更和替换材料。

事故案例

1995年3月，某电厂因水冷壁爆管而停炉检修。起重工在安装升降检修平台牵引绳时，3、4号角的牵引绳用反了，使3号角的牵引绳短了4m左右，图省事，用一条长4.5m，直径13.5mm的钢丝绳接上。由于绳卡紧力和间距不够，在使用中连接绳从绳卡中脱出，使升降平台3号角失去牵引而下落。正在平台上检查水冷壁缺陷的6人从29m高处坠落到炉内临时搭起的9m平台和冷灰斗中，2人死亡，4人受伤。

（28）悬吊式脚手架应特别注意立杆的上下两端，伸出横杆的长度不得小于20cm，并且加设一道保险扣件，以防在使用中滑脱。

事故案例

1994年11月，某电厂汽机施工现场，起重工配合电气工地搭设穿电缆悬吊脚手架。12m平台下搭设的悬吊架立杆只用一道扣件，在电气工人敷设电缆中，由于长时间摇动，故发生了脱扣。因没有双道保险扣

件，致使两名工人带悬吊杆和架板一起坠落到 6.5m 平台，两人均造成重伤。

（29）吊笼在使用时，应了解其承载能力，如需升降，需专人统一指挥、专人操作，以保证升降过程缓慢、平稳。

事故案例

1987 年 8 月，某电厂扩建工程施工现场，架子工郭某等三人带领 6 个民工上烟囱提升吊盘。当吊盘由 196m 提升到 197.5m 时，6 个倒链中有 2 个已提满行程。这时郭某和另一人各换一个倒链。在取下倒链吊钩时，引起吊盘晃动。站立在吊盘边缘的民工杨某因为吊盘倾斜和晃动，又未系安全带，从吊盘与砖内衬之间的空隙中坠落至 0m 地面死亡。

（30）进行悬吊式脚手架或吊笼内作业之前，应仔细检查各部位是否牢固可靠，作业中必须系挂安全带，安全带应挂在建筑物的牢固部件或保险绳上。

（31）工作时，应将吊笼固定在建筑物的牢固部位上，方可开始。

事故案例

1981 年 11 月，某电厂一工人准备用吊笼进行锅炉房墙板的安装工作，进入吊笼前未作检查，以致在吊笼钢丝绳缺少一个卡扣的情况下提升，在提升过程中也未系安全带。当升至 21m 高处，缺卡扣的钢丝绳突然脱开，将这名工人从吊笼里甩出，坠落地面死亡。

（32）禁止将两个邻近的悬吊式脚手架用跳板跨接使用。

（33）禁止将梯子竖在悬吊式脚手架内，进行登梯作业。

（34）脚手架拆除时，应设警戒区和醒目标志，有专人负责警戒；架体上材料、杂物等应消除干净；架体若有松动或危险的部位，应予以先行加固，再进行拆除。

事故案例

2002 年 9 月，某 220kV 变电站主控室顶部装修粉刷，工作完毕，在拆除脚手架时，因防护措施不到位，致使一根槽钢砸在保护屏上，造成保护误动，一条 110kV 出线断路器跳闸。

（35）大型脚手架的拆除必须按自上而下的顺序进行，严禁上下同时作业或将脚手架整体推倒。

（36）中途停止拆除的脚手架必须挂标示牌，以防他人误登。

（37）拆下的架杆、架板等，应该用麻绳或尼龙绳吊下放于地面，严禁向下抛掷，以防损伤脚手架材料或造成事故。

事故案例

1983 年 1 月，某电厂施工现场，在进行送风机入口架子拆除工作中，一工人将最后一块架板往下扔，不料架板端头的螺栓挂住其外衣，因未系安全带，这名工人从 6m 高处被架板连带坠落地面，重伤致死。

事故案例

2010 年 8 月，某电建公司在变电站扩建工程配电综合楼混凝土浇筑过程中，由于脚手架搭建不合格，未经验收，发生垮塌，造成 1 人死亡，2 人重伤，8 人轻伤。

第七讲

悬吊作业安全要求

一、术语和定义

（1）悬吊作业：是指从建筑屋上部沿建筑立面通过绳索或悬吊机构专门搭载作业人员及其所用工具的作业。

（2）安全钢丝绳：当工作绳断裂时，用于防止悬吊平台坠落的钢丝绳索。

（3）升降装置：能使悬吊平台上下运动的传动装置。

（4）安全锁：当悬吊平台下滑速度达到锁绳速度或悬吊平台倾斜角度达到锁绳角度时，能自动锁住安全钢丝绳，使悬吊平台停止下滑或倾斜的装置。

（5）下滑扣：连接座板与工作绳的构件。

（6）自锁器：具有导向和自锁功能的器具，可以重复使用。沿安全绳，随作业人员位置的改变而调节移动，发生坠落时，能立即自动锁定在安全绳上。

二、对悬吊设备的要求

1. 一般要求

（1）吊篮的设计、制造应符合 GB 19155 的规定。

（2）座板式单人吊具中的座板断裂载荷应大于 4400N。

（3）安全绳的破坏拉力应大于 23534.4N。当建筑物高度大于 70m 时，安全绳的负荷应考虑它自身的重量，承载安全系数应大于 10。

（4）吊篮、座板式单人吊具的安装、固定应符合安全

要求。

（5）吊篮必须设有在断电时使悬吊平台平稳下降的手动滑降装置。手动吊篮提升机应带有闭锁装置。

（6）吊篮应选用高强度、柔度好的专用钢丝绳，钢丝绳安全系数应不小于9。

（7）安全锁应采用离心触发式或摆臂防倾斜式；安全锁或自锁器在锁绳状态下不能自动复位或打开；安全锁或自锁器必须在有效标定期限内使用。

（8）悬吊平台应有足够的刚度和强度，承受2倍的均布的额定载重量时，不得出现焊接裂纹、螺栓铆钉松动或机构破坏等现象。

（9）吊篮的悬吊机构应设置上行程限位装置。每个吊点应设置2根直径相同的钢丝绳。吊篮设备的安全绳必须独立于工作绳另行悬挂。

事故案例

2001年8月，某建筑工地，一名工人进行悬吊作业，把吊篮的安全绳和工作绳悬挂在同一钢梁上，因钢梁使用多年，锈蚀严重，作业过程中从焊缝处发生断裂，作业人员随同吊篮一起坠落地面，造成重伤。

（10）吊篮悬吊机构一般力臂的设计长度应是重臂长度的3倍以上，抗倾覆力度不少于2。

（11）钢丝绳、安全钢丝绳、工作绳、安全绳的固定、检查、报废必须按照国标规定执行。

2. 安全检查项目

（1）吊篮。

1）验收检查。

a. 吊篮组装完毕后，组装单位应按规定对吊篮的组装质量进行自检验收。

b. 吊篮在验收合格后，须分别进行动、静载试验，合格后方可使用。

c. 组装单位自检验收合格后，项目负责人组织组装单位、施工单位和使用单位相关人员验收并填写记录存档。

2）作业前检查。

a. 检查支承系统钢结构、配重、工作钢丝绳及安全钢丝绳的技术状况，凡有不符合规定者应立即纠正。

b. 检查吊篮的机械设备及电气设备，确保其正常工作，并有可靠的接地设施。

c. 开动吊篮反复进行升降，检查提升机构、安全锁、限位器、制动器及电机的工作情况，确认其正常方可正式运行。

d. 清扫吊篮中的尘土垃圾、积雪和冰渣。

3）作业后检查。

a. 将吊篮内的建筑垃圾、杂物清扫干净，将吊篮悬挂于离开地面的位置。

b. 使吊篮与建筑物拉紧，以防大风骤起损坏吊篮和墙面。

c. 作业完毕应切断电源。

d. 将多余的电缆线及钢丝绳存放在吊篮内。

4）使用期间应指定专职安全检查人员和专职电工进行安全技术检查和电气设备的维修检查，并完成书面记录。每完成一项工程后，均应由上述人员按有关技术标准对吊篮的各个部件进行全面检查和保养维修。

（2）座板式单人吊具。

1）验收检查。

a. 挂点装置、底板装置、绳、带的零部件是否齐全。

b. 连接部位是否灵活可靠。

c. 有无磨损、锈蚀、裂纹等情况。

2）作业前检查。

a. 建筑物支承处能否支承吊具的全部重量。

b. 工作绳、安全绳、安全短绳，是否有腐蚀、磨损断股现象。

c. 屋面固定架、配重和销钉是否完整牢固。

d. 自锁器动作是否灵活可靠。

e. 坠落悬吊安全带是否损伤。

f. 挂点装置是否牢固可靠，承载能力是否符合要求，绳结应为死结，绳扣不能自动脱出。

g. 建筑物的凸缘或转角处的衬垫是否垫好。

h. 在作业过程中随时检查衬垫是否脱离绳索。

3）作业后检查。

a. 停工期间，应将工作绳、安全绳下端固定好。

b. 每天作业结束后，应将悬吊下降系统、坠落防护系统收起，整理好。

c. 工作绳、安全绳应放在干燥通风处，并应盘整好悬吊保存，不准堆积踩压。

4）使用期间和每完成一项工程后，应指定专职安全技术人员，按有关技术标准对座板式单人吊具的各个部件进行全部检查和保养维修，做好书面记录。

三、对作业环境的要求

（1）环境温度-10℃～+35℃。

（2）环境相对湿度≤90%。

（3）架设、拆卸、使用吊篮的和座板式单人吊具的环境条件：

1）使用吊篮作业工作地点风速大于5级、使用座板式单人吊具作业地点风速大于4级时，严禁悬吊作业。

2）大雾、大雪、凝冻、雷电、暴雨等恶劣天气，严禁悬吊作业。

3）照明度大于150lx。

4）距离高压线大于10m（因作业环境原因，距离达不到10m，必须采取有效防护措施）。

四、作业要求

（1）悬吊作业区域下方应设置警戒线，并挂“禁止入内”标示牌，作业时要有经过安全培训的人员监护，并有可靠的通信联络方式。

（2）座板式单人吊具的工作绳与安全绳禁止使用同一挂点。

（3）安全绳经过一次坠落冲击后应报废。

事故案例

1998年4月，某悬吊作业现场，作业过程中工作绳断裂，随后在另一地点悬挂的安全绳也断裂，导致作业人员坠落死亡。事后调查发现此安全绳以前受过一次坠落冲击，维修人员进行外观检查，无异常，未按规定报废，仍继续使用，酿成事故。

（4）座板式单人吊具作业人员应按照先扣安全带，后将自锁器正确安装在安全绳上扣好保险，最后使用座板装置作业的程序操作。

（5）吊篮不应作为垂直运输设备使用，禁止在悬吊平台上擅自另设吊具。

（6）禁止在悬吊平台里使用梯子、凳子、垫脚等进行

作业。

（7）悬吊平台在运行时，作业人员禁止施工操作，并应密切注意周围情况，发现异常应立即切断电源。

（8）悬吊平台停留在某一位置作业时，应锁止固定。

（9）常设吊篮水平移位时，应先将其提升至屋面位置。非常设吊篮水平移位时，应先将其放置底面位置。

（10）作业人员应从地面进入吊篮内，禁止从建筑物顶部、窗户、预留洞口等位置进入吊篮。

事故案例

2008 年 6 月，某建筑施工现场，一名作业人员准备从 4 楼窗户跨入吊篮时，不慎坠落，头部着地死亡。

（11）作业人员在同一悬吊平台内完成作业，禁止从一悬吊平台跨入另一悬吊平台。

（12）悬吊平台上下运行时，应保持钢丝绳垂直位置。

第八讲

操作平台和交叉作业安全要求

一、操作平台

1. 概念

高空作业操作平台是各行业使用的设备安装、检修等高空作业产品。常见的操作平台有移动式操作平台和悬挑式钢平台两种。

操作平台上应显著地标明允许荷载值。操作平台上人员和物料的总重量，严禁超过设计的允许荷载。

2. 对移动式操作平台的安全要求

（1）操作平台由专业技术人员按规范设计，计算及图纸应编入施工组织设计。

（2）操作平台面积不应超过 $10m^2$，高度不应超过 5m。同时必须进行稳定计算，并采取措施减少立柱的长细比。

（3）装设轮子的移动式操作平台，连接应牢固可靠，立杆底端离地面小于 80mm。

（4）操作平台可用 ϕ（48～51）×3.5mm 钢管以扣件连接，亦可采用门架式或承插式钢管脚手架部件，按产品使用要求进行组装。平台的次梁，间距不应大于 40cm；台面应满铺 3cm 厚的木板或竹笆。

（5）操作平台四周必须按临边作业要求设置防护栏杆，并应布置登高扶梯。

（6）在移动时，平台上的操作人员必须撤离，严禁上面载

人移动平台。

2002年3月，某变电站春检现场，作业人员站在移动式操作平台上检修断路器。工作完毕，需对相邻断路器进行检修，作业人员图省事，未从平台上撤离，载人移动平台过程中发生平台倾倒，造成腿部粉碎性骨折。

3. 对悬挑式钢平台的安全要求

（1）悬挑式钢平台的结构构造应防止左右晃动，计算书及图纸应编入施工组织设计。

（2）悬挑式钢平台的各支点与上部结点必须位于建筑物上，不得设置在脚手架等施工设施上。

（3）斜拉杆或钢丝绳，构造上宜两边设置前后两道，且每一道均应作单道受力计算。应设4只吊环（经验算），吊环用甲类3号沸腾钢，不得使用螺纹钢。

（4）安装时，钢丝绳与建筑物（柱、梁）锐角利口处应加软垫物。钢平台外口略高于内口，周边设置固定的防护栏杆。

（5）钢平台左右两侧必须装设固定的防护栏杆。

（6）钢平台吊装，需待横梁支撑点电焊固定，接好钢丝绳，调整完毕，经过检查验收，方可松卸起重吊钩，上下操作。

（7）钢平台使用时，应有专人进行检查，发现钢丝绳有锈蚀损坏应及时调换，焊缝脱焊应及时修复。

二、交叉作业

1. 概念

交叉作业是指在同一工作面进行不同的作业，或在同一立体空间不同的作业面进行不同或相同的作业。施工现场经常有上下立体交叉的作业，以及处于空间贯通状态下同时进行的高处作业，这些都属于交叉作业的范畴，极易发生坠物伤人、高处坠落、机械打击等安全事故。

为保证双方或多方的施工安全，避免安全生产事故的发生，根据《安全生产法》第四十五条之规定："两个以上生产经营单位在同一作业区内进行生产经营活动，可能危及对方生产安全的，应当签订安全生产管理协议，明确各自的安全生产管理职责和应当采取的安全措施，并指定专职安全生产管理人员进行安全检查与协调"。通过安全生产管理协议互相告知本单位生产的特点、作业场所存在的危险因素、防范措施及事故应急措施，以使各个单位对该作业区域内的安全生产状况有一个整体把握。

事故案例

2008年9月，某500kV开闭站扩建现场，当天有6个单位、170余名作业人员施工，存在多处、多专业交叉作业。工作前协调不力，制定安全措施不完善。作业过程中，龙门架上挂线作业人员的工具掉下，砸在焊接地网作业人员的头部，造成轻伤（有安全帽保护）。

2. 交叉作业安全要求

（1）双方或多方在同一作业区域内进行高处作业时，应在作业前对施工区域采取隔离措施、设置安全警示标示、警戒线或派专人警戒指挥，防止高空落物、施工用具、用电危及下方人员和设备安全。

（2）支模、粉刷、砌墙等各工种进行上下立体交叉作业

时，不得在同一垂直方向上操作。下层作业的位置，必须处于依上层高度确定的可能坠落范围半径之外。不符合以上条件时，应设置安全防护层。

（3）钢模板、脚手架等拆除时，下方不得有其他操作人员。钢模板部件拆除后，临时堆放处离楼层边沿不应小于 1m，堆放高度不得超过 1m。楼层边口、通道口、脚手架边缘等处，严禁堆放任何拆下物件。

（4）交叉作业的通道应保持畅通。

（5）夜间或光线不足的地方禁止进行交叉作业。

（6）线路交叉施工，交叉上方作业面应加设安全保护网，应设扶栏杆、挡脚板。

（7）隔离层、孔洞盖板、栏杆、安全网等安全防护设施严禁任意拆除。必须拆除时，应征得搭设单位的同意，并采取临时安全施工措施，作业完毕应立即恢复原状并经原搭设单位验收。

（8）严禁乱动非工作范围内的设备、机具及安全设施。

（9）交叉施工时，工具、材料、边角余料等，应用工具袋、箩筐或吊笼等吊运，不得上下抛掷。严禁在吊物下方接料或停留。

第九讲

临边作业和洞口作业安全防护

一、临边作业

1. 概念

临边作业：是指施工现场中，工作面边沿无围护设施或围护设施高度低于 80cm 时的高处作业。

2. 范围

下列作业条件属于临边作业：

（1）基坑周边，无防护的阳台、料台与挑平台等；

（2）无防护楼层、楼面周边；

（3）无防护的楼梯口和梯段口；

（4）井架、施工电梯和脚手架等的通道两侧面；

（5）各种垂直运输卸料平台的周边。

3. 邻边作业安全防护

在屋顶以及其他危险的边沿进行工作，临空一面必须设置防护措施（装设安全网或防护栏杆等），否则，工作人员必须使用安全带或采取其他防坠落措施。

事故案例

2008 年 10 月，某火电工程公司第四项目部焊接工地主任李某安排技术员罗某去邻近 1 号炉工地参观兄弟单位的焊接工艺，罗某在前往途中碰到焊接班班

长张某，张某问明情况后，两人一同前往。两人顺着1号锅炉左前侧楼梯上到17m运转层平台靠近水冷壁人孔处，张某从17m平台栏杆内侧翻越栏杆（栏杆高度1.2m）时，因平台栏杆有雨水较滑（前一天晚上下雨），导致抓栏杆的手滑脱，从17m平台栏杆与水冷壁钢梁的缝隙（宽度为0.76m）处坠落至0m层，死亡。

事故案例

2002年2月，某电厂在5、6号机组续建工程现场，屋面压型班组5名工人在6号主厂房屋面板安装压型钢板，邻边作业未系安全带，也未采取其他防坠措施。施工中未按要求对压型钢板进行锚固，即向外安装钢板，在安装推动过程中，压型钢板两端人员用力不均，致使钢板一侧突然向外滑移，带动3名工人失稳坠落至三层平台死亡。坠落高度19.4m。

（1）设置防护措施的位置要求。

1）基坑周边，尚未安装栏杆或栏板的阳台、料台与挑平台周边，雨篷与挑檐边，无外脚手的屋面与楼层周边及水箱与水塔周边等处，都必须设置防护栏。

2）头层墙高度超过3.2m的二层楼面周边，以及无外脚手的高度超过3.2m的二层楼面周边，必须在外围架设安全平网一道。

3）分层施工的楼梯口和梯段边，必须安装临时护栏。顶层楼梯口应随工程结构进度安装正式防护栏杆。

4）井架与施工用电源和脚手架等与建筑物通道的两侧边，必须设防护栏杆。地面通道上部应装设安全防护棚。双笼井架通道中间，应予分隔封闭。

5）各种垂直运输楼料平台，除两侧防护栏杆外，平台口还应设置安全门或活动防护栏杆。

（2）临边防护栏杆杆件的规格及连接要求。

1）毛竹横杆小头有效直径不应小于70mm，栏杆柱小头直径不应小于80mm，并须用不小于16号的镀锌钢丝绑扎，不应少于3圈，并无泻滑。

2）原木横杆上杆梢径不应小于70mm，下杆梢径不应小于60mm，栏杆柱梢径不应小于75mm。并须用相应长度的圆钉钉紧，或用不小于12号的镀锌钢丝绑扎，要求表面平顺和稳固无动摇。

3）钢筋横杆上杆直径不应小于 16mm，下杆直径不应小于 14mm，栏杆柱直径不应小于 18mm，采用电焊或镀锌钢丝绑扎固定。

4）钢管横杆及栏杆柱均采用 $\phi48\times(2.75\sim3.5)$ mm 的管材，以扣件或电焊固定。

5）以其他钢材如角钢等作防护栏杆杆件时，应选用强度相当的规格，以电焊固定。

（3）搭设邻边防护栏杆要求。

1）防护栏杆应由上、下两道横杆及栏杆柱组成，上杆离地面高度为 1.0～1.2m，下杆离地面高度 0.5～0.6m。坡度大于 1：2.2 地屋面，防护栏杆应高 1.5m，并加挂安全立网。除经设计计算外，横杆长度大于 2m 时，必须加设栏杆柱。

2）栏杆柱的固定要求。

a. 当在基坑四周固定时，可采用钢管并打入地面 50～70cm 深。钢管离边口的距离不应小于 50cm。当基坑周边采用板桩时，钢管可打在板柱外侧。

b. 当在混凝土楼面、屋面或墙面固定时，可用预埋件与钢管或钢筋焊牢。采用竹、木栏杆时，可在预埋件上焊接 30cm 长的 L50×5 角钢，其上下各钻一孔，然后用 10mm 螺栓与竹、木杆件拴牢。

c. 当在砖或砌体上固定时，可预先砌入规格相适当的 80×6 弯转扁钢做预埋件的混凝土块，然后用上述方法固定。

3）栏杆柱的固定及其横杆的连接，其整体构造应使防护栏杆在上杆任何处能经受任何方向的 1000N 的外力，当栏杆所处位置有发生人群拥挤、车辆冲击或物体碰撞等可能时，应加大横杆截面或加密柱距。

4）防护栏杆必须自上而下用安全立网封闭，或在栏杆下边设置严密固定的高度不低于 18cm 的挡脚笆。挡脚板与挡脚笆上如有孔眼，不应大于 25mm。板与笆下边距离底面的空隙不应大于 10mm。

接料平台两侧的栏杆，必须自上而下加挂安全立网或满扎竹笆。

5）当邻边的外侧面邻街道时，除防护栏杆外，敞口立面必须采取满挂安全网或其他可靠措施作全封闭处理。

二、洞口作业

1. 概念

洞口作业：是指孔、洞口旁边的高处作业，包括施工现场及通道旁深度在 2m 及 2m 以上的桩孔、沟槽与管道孔洞等边沿作业。

建筑物的楼梯口、电梯口及设备安装预留洞口等（在未安装正式栏杆、门窗等围护结构时），还有一些施工需要预留的上料口、通道口、施工口等。凡是在 2.5cm 以上，洞口若没有防护时，就有造成作业人员高处坠落的危险；或者若不慎将物体从这些洞口坠落时，还可能造成下面的人员发生物体打击事故。

2. 洞口作业安全防护

进行洞口作业以及在因工程和工序需要而产生的、使人与物有坠落危险或危及人身安全的其他洞口进行高处作业时，必须设置防护设施。

事故案例

2003 年 7 月，某供电分公司建办公大楼，主体工程已完工，进行外墙抹面时，一施工人员从架板上掉下，跌入约 10m 深的洞内，抢救无效死亡。该洞直径约 70cm，用于运料，无任何防护措施。

事故案例

2004 年 3 月，某电建一公司项目部汽机工程处管道班班长陈某在汽机房 9m 层配合起重工进行主气管道起重布置工作。陈某当时站在中压汽门孔洞的安全围栏外（围栏内有土建铺设的防止杂物掉落的临时盖板），他准备到围栏另一侧，在未做好防止坠落安全措施的情况下，即从安全围栏爬过去，脚踩在孔洞的临时盖板上，盖板倾翻，随即与盖板一起坠落至汽机房 5m 层，头碰在水泥梁上，抢救无效死亡。

事故案例

2005 年 4 月，某电力建设总公司在一火电厂二期工程施工中，一名工程技术人员到新建的 3 号汽机厂房屋顶（28m 高）查看雨水漏斗，到 3 号汽机厂房屋顶须经过 2 号汽机厂房屋顶，两屋顶间的缝隙宽 200mm 左右，因施工缝隙上留有 3 个洞，洞口只用保温岩棉覆盖，未设围栏，也未悬挂警示牌。施工单位在两屋顶缝隙间搭设了专用安全通道，该技术人员没有走安全通道到 3 号汽机厂房屋顶，而是跨越两屋顶缝隙，结果从两屋顶缝隙间的孔洞（400~500mm）坠落至 0m 死亡。

（1）洞口作业防护设施设置部位：

1）板与墙的洞口，必须设置牢固的盖板、防护栏杆、安全网或其他防坠落的防护设施。

2）电梯井口必须设防护栏杆或固定栅门，电梯井内应每隔两层并最多隔 10m 设一道安全网。

3）钢管桩、钻孔桩等桩孔上口，杯形、条形基础上口，未填土的坑槽，以及人孔、天窗、地板门等处，均应按洞口防护设置稳固的盖件。

4）施工现场通道附近的各类洞口与坑槽等处，除设置防护设施与安全标志外，夜间还应设红灯示警。

（2）洞口设置防护栏杆、加盖件、张挂安全网的技术要求：

1）楼板、屋面和平台等面上短边小于 25cm 但大于 2.5cm 的孔口，必须用坚实的盖板覆盖，盖板应能防止挪动移位。

2）楼板面边长在 25～50cm 的洞口、安装预制构件时的洞口以及缺件临时形成的洞口，可用竹、木等做盖板，盖住洞口。盖板须能保持四周搁置均衡，并有固定其位置的措施。

3）边长为 50～150cm 的洞口，必须设置以扣件扣接钢管而成网络，并在其上满铺竹笆或脚手板，也可采用贯穿于混凝土

板内的钢筋构成防护网，钢筋网络间距不得大于 20cm。

4）边长在 150cm 以上的洞口，四周设防护栏杆，洞口下张设安全平网。

5）垃圾井道和烟道，应随楼层的砌筑或安装而消除洞口，或参照预留洞口做防护。管道井施工时，除按上款办理外，还应加设明显的标志。如有临时性拆移，需经施工负责人核准，工作完毕后必须恢复防护设施。

6）位于车辆行驶道旁的洞口、渗沟与管道坑、槽，所加盖板应能承受不小于当地额定卡车后轮有效承载力 2 倍的荷载。

7）墙面等处的竖向洞口，凡落地的洞口应加装开关式、工具式或固定式的防护门，门栅网格的间距不应大于 15cm，也可采用栏杆、下设挡脚板（笆）。

8）下边沿至楼板或底面低于 80cm 的窗台等竖向洞口，如侧边落差大于 2m 时，应加设 1.2m 高的临时护栏。

9）对临近的人与物有坠落危险的其他竖向孔、洞口，均应予以盖设或加以防护，并有固定其位置的措施。

第十讲

攀登作业和悬空作业安全防护

一、攀登作业

1. 概念

在施工现场，常常借助于登高用具或登高设施，在攀登条件下进行的高处作业，这类作业称攀登作业，亦称登高作业。

攀登作业主要是利用梯子攀登或结构安装中的登高设施进行作业，危险性比较大。要求攀登作业人员必须经过专业技术培训及专业考试合格，持证上岗。

事故案例

2006 年 7 月，某新建变电站施工现场，一出线龙门架固定爬梯刚安装完毕，还未经检查确认是否牢固可靠，一名工人擅自攀登作业，踏棍脱落，从 4m 高处坠落，造成轻伤。

2. 攀登作业安全防护

（1）在施工组织设计中要确定用于现场施工的登高和攀登设施。现场登高应借助建筑结构或脚手架上的登高设施，也可采用载人的垂直运输设备。进行攀登作业时可使用梯子或采用其他攀登设施。

（2）柱、梁和行车梁等构件吊装所需的直爬梯及其他登高用拉攀件，要在构件施工图或说明内作出规定。

（3）攀登的用具，结构构造上必须牢固可靠。供人上下的踏板其使用荷载不应大于 1100N。当梯面上有特殊作业，重量超过上述荷载时，应按实际情况加以验算。

（4）使用移动式梯子，应严格执行本书第五讲安全要求。

（5）固定式直爬梯应用金属材料制成。梯宽不应大于 50cm，支撑应采用不小于 70×6 的角钢，埋设与焊接均必须牢固。梯子顶端的踏棍应与攀登的顶面齐平，并加设 1～1.5m 高的扶手。

使用直爬梯进行攀登作业时，攀登高度以 5m 为宜。超过 2m 时，宜加设护笼，超过 8m 时，必须设置梯间平台。

（6）作业人员应从规定的通道上下，不得在阳台之间等非规定通道进行攀登，也不得任意利用吊车臂架等施工设备进行攀登。

事故案例

2001 年 6 月，某建筑施工现场，作业人员要上三层楼的楼顶，发现楼门上锁，不能从楼梯上去，便利用阳台进行攀登，坠落导致骨折。

（7）上下梯子时，必须面向梯子，且不得手持器物。

（8）钢柱安装登高时，应使用钢挂梯或设置在钢柱上的爬梯。

钢柱的接柱应使用梯子或操作台。操作台横杆高度，当无电焊防风要求时，其高度不宜小于 1m，有电焊防风要求时，其高度不宜小于 1.8m。

（9）登高安装钢梁时，应视钢梁高度，在两端设置挂梯或搭设钢管脚手架。

梁面上需行走时，其一侧的临时护栏横杆可采用钢索，当改用扶手绳时，绳的自然下垂度不应大于1/20，并应控制在10cm以内。

（10）钢层架的安装，应遵守下列规定：

1）在层架上下弦登高操作时，对于三角形屋架应在屋脊处，梯形层架应在两端，设置攀登时上下的梯架。材料可选用毛竹或原木，踏步间距不应大于40cm，毛竹梢径不应小于70mm。

2）屋架吊装以前，应在上弦设置防护栏杆。

3）屋架吊装以前，应在下弦挂设安全网。

二、悬空作业

1. 概念

在无立足点或无牢靠立足点的条件下进行的高处作业统称为悬空高处作业。

悬空作业人员必须经过专业技术培训及专业考试合格，持证上岗。

2. 悬空作业安全防护

（1）悬空作业处应有牢靠的立足处，并必须视具体情况，配置防护栏网、栏杆或其他安全设施。

（2）悬空作业所用的索具、脚手板、吊篮、吊笼、平台等设备，均需经过技术鉴定或检验合格方可使用。

（3）构件吊装和管道安装时的悬空作业，必须遵守下列规定：

1）钢结构的吊装，构件应尽可能在地面组装，并应搭设进行临时固定、电焊、高强螺栓连接等工序的高空安全设施，随构件同时上吊就位。拆卸时的安全措施，亦应一并考虑和落实。高空吊装预应力钢筋混凝土层架、桁架等大型构件前，也应搭设悬空作业中所需的安全设施。

2）悬空安装大模板、吊装第一块预制构件、吊装单独的大中型预制构件时，必须站在操作平台上操作。吊装中的大模板和预制构件以及石棉水泥板等屋面板上，严禁站人和行走。

3）安装管道时必须有已完结构或操作平台为立足点，严禁在安装中的管道上站立和行走。

（4）模板支撑和拆卸时的悬空作业，必须遵守下列规定：

1）支模应按规定的作业程序进行，模板未固定前不得进行下一道工序。严禁在连接件和支撑件上攀登上下，并严禁在上下同一垂直面上装、拆模板。结构复杂的模板，装、拆应严格按照施工组织设计的措施进行。

2）支设高度在3m以上的柱模板，四周应设斜撑，并应设立操作平台。低于3m的可使用马凳操作。

3）支设悬挑形式的模板时，应有稳固的立足点。支设临空构筑物模板时，应搭设支架或脚手架。模板上有预留洞时，应在安装后将洞盖好。混凝土板上拆模后形成的临边或洞口，应按本书第九讲进行防护。

4）拆模高处作业，应配置登高用具或搭设支架。

（5）钢筋绑扎时的悬空作业，必须遵守下列规定：

1）绑扎钢筋和安装钢筋骨架时，必须搭设脚手架和马道。

2）绑扎圈梁、挑梁、挑檐、外墙和边柱等钢筋时，应搭设操作台架和张挂安全网。

悬空大梁钢筋的绑扎，必须在满铺脚手板的支架或操作平台上操作。

3）绑扎立柱和墙体钢筋时，不得站在钢筋骨架上或攀登骨架上下。3m以内的柱钢筋，可在地面或楼面上绑扎，整体竖立。绑扎3m以上的柱钢筋，必须搭设操作平台。

（6）混凝土浇筑时的悬空作业，必须遵守下列规定：

1）浇筑离地2m以上框架、过梁、雨篷和小平台时，应设操作平台，不得直接站在模板或支撑件上操作。

2）浇筑拱形结构，应自两边拱脚对称地相向进行。浇筑储仓，下口应先行封闭，并搭设脚手架以防人员坠落。

3）特殊情况下如无可靠的安全设施，必须系好安全带并扣好保险钩，或架设安全网。

（7）进行预应力张拉的悬空作业时，必须遵守下列规定：

1）进行预应力张拉时，应搭设站立操作人员和设置张拉设备的牢固可靠的脚手架或操作平台。

雨天张拉时，还应架设防雨篷。

2）预应力张拉区域标示明显的安全标志，禁止非操作人员进入。张拉钢筋的两端必须设置挡板。挡板应距所张拉钢筋的端部1.5~2m，且应高出最上一组张拉钢筋0.5m，其宽度应距张拉钢筋两外侧各不小于1m。

3）孔道灌浆应按预应力张拉安全设施的有关规定进行。

（8）悬空进行门窗作业时，必须遵守下列规定：

1）安装门、窗，油漆及安装玻璃时，严禁操作人员站在樘子、阳台栏板上操作。门、窗临时固定，封填材料未达到强度，以及电焊时，严禁手拉门、窗进行攀登。

2）在高处外墙安装门、窗，无外脚手时，应张挂安全网。无安全网时，操作人员应系好安全带，其保险钩应挂在操作人员上方的可靠物件上。

3）进行各项窗口作业时，操作人员的重心应位于室内，不得在窗台上站立，必要时应系好安全带进行操作。

2009年11月，某高层建筑施工现场，作业人员在10楼安装铝合金窗户，身体外倾，重心位于室外，未采取有效防护措施，坠落死亡。